花 图 鉴

花卉组合盆栽全书

提 高 篇

张滋佳 / 著

机械工业出版社
CHINA MACHINE PRESS

目录 CONTENTS

我的花艺人生，不断跨界演出

張淋佳

与花结缘 50 多年，我拥有人生中很多次的第一名，也换过多次"跑道"，唯一没有离开的就是花卉产业，从花艺老师、咖啡厅老板、花店老板、景观工程设计师、园艺治疗师到现在的盆花达人，可以说是不断在跨界演出了。

有的学员称我是"钢货"，说"金货""银货"已不足以形容我的强韧，软的硬的都能做；也有人说我是"魔术师"，怎么一堆花材、资材、木头、竹子，在我手上两三下就变出一个硕大的作品。

我想，与花结缘的 50 多年，用热情与她深交，已磨炼出我与花们的默契了。感谢花卉植物陪伴我一生，也感谢这一路上因花结缘的人们，因为有你们的支持，世界因花而美丽。

花艺的启蒙来自小姨

我生长在一个农业时代跨工业时代的家庭，父母亲共同遭遇过第二次世界大战的洗礼，所以是一个非常传统的台湾家庭，同时也是尊重各方文化背景的中华血统子民。母亲与父亲信仰的是佛教及道教，因此在佛堂里供花，我从小就耳濡目染。母亲的兄弟姐妹非常多，小姨跟母亲相差20岁，在我的印象里她就是一个非常时髦的小姑娘，会打保龄球，又是花艺老师。

在我10岁那一年，父亲意外去世，母亲继承了父亲的五金工厂，养育我们6个兄弟姐妹，当然，此时小姨也在我们的族群里面。因为这样的因缘巧合，我很小就接触到了花艺。

在社区开启了正式花艺课程

在我小时候，台湾推动工业发展，社会从农业走向工业。当时的妇联会、基督教青年会（YMCA）等单位在社区、学校积极推广第二专长，我就是在社区的活动中心接触了我人生最早期的、正式的花艺课程。

当时，活动中心教的是西洋花艺，我在老师的教导之下有模有样地开始玩起花艺来。随着作品数的增加，小姨觉得我应该更正式地学习池坊花艺，成为花艺老师。

一场意外车祸打乱了人生规划

就这样我又到了当时的池坊花艺私塾拜师学艺，多亏家里给予了非常大的支持。就在一半时间学习花艺，一半时间在正统教育继续上课的过程里，从初中一直到高中，不知不觉，池坊花艺已进入了我的生命轴心。

在高中毕业准备升大学的时候，我因为要参加一个世界性的马拉松比赛必须去夏威夷。赛前训练花了我很多时间，不料却在赛前训练的过程里发生了一场车祸。

这一场车祸改变了我所有的人生规划！因为车祸，我没有升大学，没有参加国际比赛；因为脊椎神经受伤严重，在医院及家里调养了七八个月方能下床走路。

在这个过程中，家里给了我非常多的精神支持与复健的协助，然而健康之后的我，变成了一个失学又失业的人。

我只好在自己家里的五金工厂帮忙，也因为这样，我的花艺老师告诉我，或许我应该学习更正统、更精进的池坊花艺。跟家人经过半年的商量与讨论，我在20岁那一年只身飞往日本学花艺。

以第一名成绩毕业于东京池坊花艺学院

为了能够更接近日本的精神文化，更进一步理解池坊花艺创作，在日本的第一年，我进入了日本语学校学习日文，也用短暂的时间参加日文检定，获得日文一级检定合格的成绩。

隔年，我顺利地进入东京池坊花艺学院。学院的教学内容非常丰富，周一到周五进行五天全天的花艺训练，有分科别类的，也有个别的指导老师专科教导。

东京池坊花艺学院有三年制的学习课程，一是生活教养科、二是花艺师范科、三是花艺研修科。留学生可以根据个人需要及可以投入学习的时间，决定要在学院学习一年、两年或者三年。

除了花艺之外，学校也安排了其他的课程让学员们学习，如书道、茶道、油画等。在求学期间我也修了书道及茶道，并拿到了证照。

我在学院学习了完整的三年课程，并以第一名的优秀成绩毕业于东京池坊花艺学院。

具备西洋花、东洋花、欧式花艺基础

自东京池坊花艺学院毕业之后，稍作休息，我进入京都池坊中央研修院学习两年专修花艺的课程，也非常庆幸地以优秀成绩毕业。在京都池坊中央研修院学习的同时，我也进修了欧式花艺。当然，这也同时奠定了我的西洋花、东洋花、欧式花艺基础。

我的花店生涯初体验

在日本生活了将近10年后，飞鸟终需回巢，就这样我回到了故乡台湾。虽然身上拥有多张学习证照，但是缺乏社会历练，所以刚回到台湾的时候，我就在自己的住所默默地教授池坊花艺，心中有很多的理想，但却不敢投入开业的实务工作。

经过三思之后，我在回台湾的第一年开了一家花艺咖啡坊，当时也是台北市第一家花艺咖啡坊。

一楼是咖啡厅，地下室是花艺教室。感谢当时来咖啡厅的客人，还有来到花艺教室成为花艺学生的学员们，他们支持着我在花艺的路上一步一步走来。

咖啡厅里的常客是"中华电信"活动单位的主持人，因缘巧合地推荐我成为当时"中华电信"中午休息时段的花艺老师。就在那期间，花艺教室里的学生提起了开花店的建

议，就这样一个美丽的巧合，我成了花艺老师，也顺利成为花店的老板，开启了我在商圈的花艺人生。

我的第一家花店坐落在台北市永康街的小巷子里，就在永康商圈，花店的名字取为自然花意。因为喜欢自然界的花朵，喜欢花艺世界里的道法自然，所以希望追寻花的意思，创作花艺作品。

商圈的花艺生活确实不一样，婚丧喜庆、送往迎来，都必须战战兢兢的、适时适地地，服务好客户，有特别的需求时，还必须为客人量身定做，创造出独一无二的作品。

商圈的世界里，道法自然与春夏秋冬不再是设计方案的第一位，迎合客户要求，创造商业价值，减少客户投诉，反而成为我们学习的功课，这跟花艺学校及花艺教室里要传播的生活美学文化完全是截然不同的立场。

组合盆栽成为一生相伴的契机

创业初期，对商业模式非常陌生的我，在花店里头布置的有池坊花艺的橱窗、商店花礼的小花篮，还有当时没有被非常普遍推广的组合盆栽。

就这样开始了我的花店经营路，同行的学姐推荐我参加花店联盟当时的花之友，也

就是现在的花绿小站花店协会前身。因为是初创期间，所以我成了第一届的委员，后来也成了副会长。一路走来，感谢所有人的成全，我这个花店菜鸟慢慢上路了。

与此同时，我参加了台北市大安森林公园的圣诞花园布置，开始接触大型活动，开始展现我的花艺创作。同一时期，台北市七星农田水利会也正在准备推广组合盆栽。

当时的计划执行主任吴丽春老师经过永康街，看到我的花店已经在出售组合盆栽，非常热情地邀请我参加课程，成为组合盆栽第一届的种子教师。一切的因缘巧合，我成了全台湾第一期第一届组合盆栽种子教师的种子班学员，也成了种子教师第一期的老师。

也是因为这样的缘分，我们开始了一连串组合盆栽种子推广工作，从台北、台中、台南、到高雄，在很多单位都留下了足迹。我们也开始在"花绿in我家"全省DIY活动中推广生活花育组合盆栽，开始了生活绿化美化的推广，进而成立了组合盆栽推广委员会与"中华盆花发展协会"。我成为组合盆栽推广委员会创会的副会长、"中华盆花发展协会"理事，进而成为第二届组合盆栽推广委员会的会长。就这样，我从花艺老师变成了花店老板，又增加了组合盆栽种子教师的角色，进而成为推广组合盆栽的一分子，推广组合盆栽进入社区、校园及一般生活场景中，承办组合盆栽比赛，任职评审，这一切成了理所当然，却也不敢倦怠。

奇妙的缘分——园艺治疗

因为从事推广组合盆栽的缘故，自己开始走入植物真正的生命之内，认识了非常多跟植物相关的不同行业的朋友，生活变得更精彩。除了花店的本职工作之外，我又增加了非常多的业外工作。

比如，我参加了士林官邸的菊展布置、士林官邸花卉园艺馆的生活花卉园艺教学、七星农田水利会于各个公园举办的生活绿化教室教学、锡琉基金会举办的相关生活花卉教学、台北农业协会举办的花卉农业推广课程教学。就这样，自己从花艺老师变成更多人需要的组合盆栽课程训练老师。

花店的业务也增加了更多的与植物相关的服务与协助，如室内植物的布置、阳台小花园的布置、个人庭园的养护与植物更新。就这样增加了庭园景观与造园的项目，这一切都是与组合盆栽结缘之后发展的业务。

之后，就有朋友们邀约一起去进修上课。组合盆栽推广委员会也在十多年前于金石堂第二次接受园艺治疗的洗礼，了解到园艺治疗与生活有非常重要的联结。当时文化大学刚好开设园艺治疗课程，组合盆栽推广委员会一行数十人就义无反顾地参加了，当然又是第一届第一期。

感谢园艺治疗让我的人生增加了更宽广的世界，看到更多的人生百态。

园艺治疗不是治疗园艺景观的任何一种植物，而是利用园艺景观的每种植物让人的身、心、灵更健康。

在拿到园艺治疗结业证书之后，我投入了园艺治疗服务的工作。虽然自己有许多的不足，但是抱着感恩的心，我参与了多项服务活动。比如，伊甸基金会、天使之家、心灯启智中心、盲哑学校、教会园艺治疗课程、社区园艺治疗服务课程、各大学园艺治疗座谈分享、花卉展览园艺疗愈花园布置设计等。也因为这样，我受到其他地区的邀约。

跨界花卉园艺生活

我从"中华盆花发展协会"的理事成为理事长后，除了荣誉，自己肩上背负了更多的责任。从原来只负责帮忙做设计的花艺师，变成要去日本、新加坡参与花卉展览布置的事，而且要做好把台湾地区的植物推广出去这一重要工作。

我就此开始了把植物从台湾带到其他地区做推广表演以及组合盆栽示范，延伸了许多的表演及课程的邀约。因为不是在台湾，而且时空背景及文化在理解上也有非常多的差异，所以在多次磨合之下，我接受了不同领域的跨业论坛花艺及组合盆栽表演。

也因为如此，我陆续接受了部分地区花卉产业基地顾问的工作，也因地区、企业的

不同，接受越来越多新领域的挑战。

就这样，我尝试了大型花卉园艺市场经营顾问、花卉博览会大型景观设计规划布置及花艺教育学校年度课程安排与执行规划等工作。

在"拈花惹草"的道路上与花草树木相识，在"拈花惹草"的工作中与同行的人相遇，在"拈花惹草"的创作里与设计理念相碰，然后在"拈花惹草"的生活里一切欢喜自在。感谢生命，我相信自己会将这一份美丽的种子，散播在我走过的每一个角落。

桃园：桃源仙谷

第一章

分享花卉的美丽

美，使一个人的生命充满听觉、

视觉、嗅觉、味觉等各种不同心灵感受的库存。

美，其实是一种分享。

美是心灵的财富

美，常常是一种智慧，而非知识。

在现实社会中，我们常常要求孩子分数考高一点，赛跑跑快一点，用分数、数字来衡量竞争的结果。

美，却是看不见的竞争力。

美，使一个人的生命充满听觉、视觉、嗅觉、味觉等各种不同心灵感受的库存。美，其实是一种分享。美是世界上最奇特的一种财富，越分享，就拥有越多。大自然中，从来不会有一朵花去模仿另一朵花，每一朵花对自己存在的状态非常有自信。

美是独一无二的，每个人都被赋予美的特质，是无可模仿的。当我们努力做自己，懂得平淡，我们会更懂"美"是生命的现在、过去和未来。

打开你的感官去感受，去看、去听、去嗅、去尝、去触摸，而后享受美好的感觉。

春

武陵·樱花

夏

阳明山：绣球

夏

新北市老梅：绿石槽

秋

台北士林：大王莲

秋

彰化菁芳园：落羽松

南投：枫

冬

冬

武陵：银杏

何谓组合盆栽

美丽的花朵总是使人愉悦和温馨，绿意盎然的生活空间尤其让人心灵舒畅、快意。除此之外，还有让生命更美妙的课题—认识组合盆栽。

组合盆栽是近年流行于日本、中国和欧美国家并深受人们喜爱，得到应用推广的一种花艺，是适合容器栽培的都市盆栽，并渐渐成为花卉市场的消费主流。

强调组合设计的盆栽，被推崇为"活的花艺、绿色的雕塑"，已大量应用在现代空间里，包括室内及室外。

经过巧手处理的植栽，都可以称为组合盆栽。造景、空间绿化美化都可以算是组合盆栽的范围。组合盆栽是植物与植物、植物与盆器、盆器与饰品的组合，其最小的单位是一棵植物加一个盆器。依此类推，数个组合成为一个小景，也可以扩大到一定空间，如阳台、庭园或公园。

1 + 1 + 1

一棵植物加一个盆器，或是一棵植物加一棵植物，可以加很多。

展览的最佳展示元素

桃园农博兰花布置

　　以兰花为例，可以单品组合，也可以多株组合，还可以将多个组合变成一个大主题，能充分玩出组合盆栽的无限创意。

展示空间，大景、中景、小景各有主题。

墙上的框，拆开来看是单一作品，合起来就是组合盆栽的装置艺术。

家的味道

　　这是用兰花诉说的一个台湾家庭的味道。民宅大门口迎宾的黑松是家族精神的表征，而老房子里老奶奶的红木床则述说着一个属于传承的故事。

　　虎头兰、文心兰、仙履兰等相互争艳，而一切的美丽则由蝴蝶兰来代为传达。

　　幸福的你请仔细看这幅景色中有多少是你记忆中的花草树木，是否也谱出另一页属于你的幸福记录？

肉桂树旁、瓜棚下的水井边有着妇女们说不完的家中趣事。棚下的九层塔、香葱、紫苏是家常菜用的香料，瓜棚是闲聊的 VIP 室。

老奶奶的红木床是家族的传承；转动的水车就像生命的轮，将永远灌溉这块土地，让一切生命茂盛茁壮。

春暖花开，一年又复始

　　利用金色和红色来展现新年喜气的氛围，使用象征福气的蝴蝶兰作为主题设计，并选用最能代表长寿的万年青（幸运竹）来表现长寿。作品中使用当令的花卉如菊花、凤梨花、海棠等，利用农历新年常用的元素点缀串联以呈现浓浓的年味，很时尚的设计手法。

黑色旋风

　　以黑色为主色调，使用大量空气凤梨，将生活中的日常用品加以改变，使其融入花艺设计，将生活空间转换成另一种花卉艺术的空间。让每一份天马行空的创意，都能以眼前的生活花卉来呈现。这是一份属于自然的、不造假的创作，让我们一起想象驶入云端的脚踏车上是否载着属于你我的梦想，就在那竹篱笆外，是不是有一片春天等着你来拜访？

工作空间

空间和生活一直是紧紧相系的，而每天工作于其中的空间更是非常重要的区域。

不管你从事什么样的工作，工作场所都将是每天驻留最久的地方，因此工作场所的空间氛围和舒适度将影响工作的效率，并产生相应的情绪效应。

在有花草树木的世界里，有着一种神奇的安定力量。利用花卉创造出有生命的工作空间，让芬多精激发你我深层的能力，成就最优质的工作领域。

这里有鲜花设计制图桌、青竹会谈桌、雅致的花卉壁饰和玻璃水培缸，你喜欢哪一个？还是——最爱小花园！

士林官邸菊花展园艺馆布置

在士林官邸，每年入秋的时候，就是菊花展开始热闹的时候。

我非常荣幸地承接了士林官邸园艺馆里面的菊花展主题布置。在整个布置上，有鲜切花的设计，还有盆栽的串联组合设计。

让美丽鲜切花的花艺作品与盆栽的生命力结合，成就了这样一个兼具主题花卉欣赏且能长期观赏的作品。

桃园机场花卉布置

　　桃园国际机场是台湾与世界各地交流的大门。在这样一个特殊的空间里，世界各地的来宾在踏入这块土地时，可以第一时间接触到花卉，会感到舒适与温馨。在这里，我们布置了一个以台湾出口花卉为主的空间，为应不同的季节与节令主题，将蝴蝶兰和其他观花、观叶植物以组合的形式呈现。其中，有花卉组合小品，也有大型作品的端景组合，并且在不同的节日会更换应景的盆栽组合。我们用美丽的花卉欢迎世界各地的朋友来到台湾宝岛。

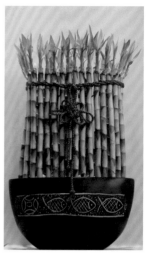

2017 年宁夏银川中国花卉博览会：沙生植物馆

　　6400 米² 的馆区利用沙生植物（沙漠植物）作为全区景观布置的要素，分为三大区块：一区用陶盆呈现出居家园艺景观花卉布置的样貌，二区利用胡杨木的树干形态跟沙漠氛围来表现大漠强劲的生命力，三区则只采用沙漠原生态的自然景观表现手法。

｜居家园艺布置区｜

胡杨木根雕景观布置区

沙漠自然景观区

2017 年第十三届中国昆明国际农业博览会

　　为昆明农业部门布置以农业生产为主题的展览，设计元素利用了耕耘机、播种机和谷仓，将它们作为农业精神的代表。

　　谷仓的顶上是丰收的谷物，用稻谷全部粘满，代表了五谷丰收。

　　作品里面除了花卉之外，还用了非常多的当地食材、药材及蔬果（如藜麦、三七、肉桂、灵芝、马铃薯、南瓜、玉米、茄子、辣椒等），在谷仓前面结合花卉盆栽可以营造出谷物丰收及美好田园的生活氛围。

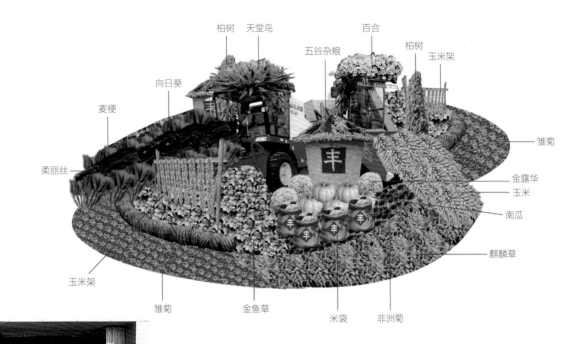

柏树　天堂鸟　　　百合
向日葵　　五谷杂粮　柏树　玉米架
麦梗　　　　　　　　　　　　　　雏菊
柔丽丝　　　　　　　　　　　　　金露华
　　　　　　　　　　　　　　　　玉米
　　　　　　　　　　　　　　　　南瓜
　　　　　　　　　　　　　　　麒麟草
玉米架
雏菊　　金鱼草　　米袋　非洲菊

第二章

组合盆栽基础知识

组合盆栽是指将许多种植物经设计铺陈种植于一个容器内，
或是将数种作品组合摆放在一起，呈现出植物本身特有的质感、
色泽、层次感、自然情趣、庭园景观及线条变化的园艺创作作品。

组合盆栽的植物分类

　　各种植物所需的日照不尽相同，大致来说，组合盆栽所使用的植物可以按照植物特性和空间需求进行分类。

依植物特性来分

①**全日照植物**，意指需要持续接受阳光照射达 6~8 小时，也称阳性植物。

多数观花植物、果树、香草植物、水生植物、多肉植物属于此类。

②**半日照植物**，并非指接受阳光照射时间的长短，而是指需要将日照光线过滤一半。比如，将全日照的环境用遮阴网遮掉一半。室内观花植物如非洲堇或一些观叶植物都属于此类。

③**耐阴性植物**，不能直接暴露于阳光下，但不代表完全无光照，一般是放到室内靠窗或有人工照明补充的地方。

依空间需求来分

户外植物　所有能开花结果或叶子颜色会改变的，如果树、花卉、水生植物。

室内植物　如蕨类、兰属及竹芋类观叶植物。水培植物大部分是室内植物，如幸运竹。

户外观花植物：乔灌木观花植物及草花类观花植物

乔灌木观花植物如樱花、大花紫薇、紫薇、九重葛、玫瑰、绣球、朱槿、杜鹃、野牡丹等。

草花类观花植物如凤仙花、秋海棠、三色堇、千日草、金盏菊、百日草、波斯菊等。

观叶组合盆栽：户外观叶植物及室内观叶植物

户外观叶植物喜欢阳光、水，如观音棕竹、变叶木、孔雀竹芋、五彩千年木、柠檬千年木、百合竹等。

室内观叶植物有黄金葛、光瓜栗（发财树）、黛粉叶、羽裂福禄桐、波士顿蕨、山苏等。

种植介质

介质分为对植物生长有利的生存性介质，以及为了美化视觉而使用的装饰性介质。应对其加以组合搭配，使作品具有创造性。

生存性介质

生存性介质包括所有对植物生长有利的种植介质。例如，市面上常见的培养土、砂粒、发泡炼石、珍珠石、碎石、蛇木屑、水苔等，都是能让植物长久生存在其中的素材，是盆栽必备的材料。其中，碎石既可作为装饰性介质也能作为生存性介质，如兰花中的虎头兰就采用碎石作为生存性介质。

装饰性介质

为了美化视觉而采用的物品称为装饰性介质，如贝壳砂、染色水草、树皮、琉璃石、染色碎石、石头、弹珠、玻璃、珍珠等，主要用来增加盆栽作品的丰富度，常用于盆栽的铺面。它们并非植物生长所必需的。装饰性素材范围很广泛，发挥创意去寻找也是种乐趣。

碎石　　染色水草　　慕斯

染色碎石　　染色碎石　　染色碎石

贝壳砂　　米白石　　珊瑚石

麦饭石　　树皮　　琉璃石

组合盆栽花器的基本形式

开放式花器

花器具有排水孔，栽培时必须在排水口铺上防虫网，再放置小石头或破瓦片。

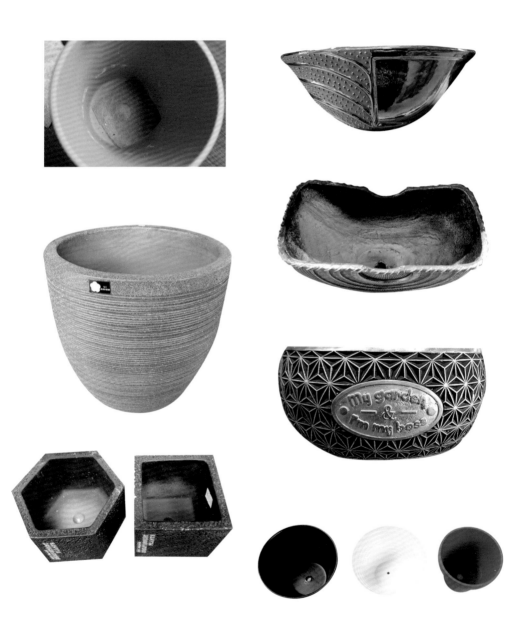

半开放式花器

花器的排水孔在盆高1/4处，可承接少许水，以调节介质湿度，在国外市场很受欢迎。

水培式花器

以耐水性或水生植物为主，就日常的管理来说最为方便。

密闭式花器

　　无排水孔的花器。若为木质或藤质，则需先用塑料布铺底以免水分渗出，并在底部放置一层发泡炼石或粗颗粒的介质作为储水层，也可防止水分外溢。

智慧型花器

　　有一个自动供水装置从花器边缘注入水，既方便照顾，又能保证场所干净整洁，因而被称为智慧型花器。

另类花器

　　除了前面所介绍的花器之外的，也可用于组合盆栽的器具。

盆栽饰品

装饰品可以营造情境、氛围及故事性。有许多的家饰品也可以成为组合盆栽的装饰品，也正是因为这样，组合盆栽推动了相关产业链蓬勃发展。

常用的设计手法

1.园艺手法

　　非常简单的种植方法，只考虑植物的生命，把相同特性的植物种在一起。简单来说就是把花草植物种好，所以挑选日照、水分需求、管理属性相同的植物组合种在一起最为恰当。

芳香万寿菊
鼠尾草
西洋芹
香蜂草
薄荷
天胡荽草

香草

草花：三色堇

黄金万两与红、白网纹草

黄金葛（上）与常春藤（下）

兰花

2. 礼品包装

花盒形成的组合盆栽符合当前快递时代时空背景的需求，精巧、方便携带，能通过花礼表达特殊赠送的主题，创造出礼物的实时效果。

3. 花艺手法

具有花艺技术者，可将色彩学、空间架构等设计手法融入组合盆栽中。比如在圣诞花卉礼盒中，增加珠串布置、缎带结装饰，虽对植物本身生长无直接帮助，但对视觉欣赏有很大的加分作用，能提升层次美感。

圣诞红、檀香柏

左图：大红花蝴蝶兰、小花蝴蝶兰、长寿花

右图：蝴蝶兰、兔角蕨、红网纹草

4. 造园手法

选择人类向往的大自然环境，加上舒适的休憩空间，成就了造园的条件。所以有休憩的凉亭、有方便人行走的步道、有小桥流水的营造，当然也有与石对话等情境的营造。以上诸多条件的实现就是造园手法。

澳洲杉、金叶络石、
金边虎尾兰

左图：满天红蝴蝶兰、长寿花、嫣红蔓

右图：羽裂福禄桐、金叶络石、竹芋、红网纹草

上图：大木贼、海洋之星

下图：澳洲杉、多肉植物、红网纹草、白网纹草

5. 情境设计

　　赋予其主题故事，营造出庭园景观、绿色森林、热带丛林、海边一隅等景色，这些
画面的呈现都须由设计者巧手慧心布置，才能使组合作品富有故事性。

风中传奇（笔筒蕨）、
山苏、皱叶卷柏、
观音莲、波士顿蕨、
鸭跖草、鹿角蕨、
百合竹

热带雨林

同一个发财树植栽，只是变换周边的搭配物，瞬间就换了风格。

春

夏

图：发财树、火龙果（金钻）

秋

冬

6. 花器堆叠

　　堆叠种植手法真正的功能在于可以将属性不同的植物放在一个作品里，因为花器的空间不同，介质也可以有所改变，是一种很有创意的种植方法。可利用同性质花器的大小不同进行高低层次的分隔种植，也可将性质不同、表情不一的花器堆叠起来呈现出分隔种植。

图：白色火鹤、虎尾兰、黄金葛、粗肋草、吊兰、莱姆黄金葛、蟹爪兰

左图：蝴蝶兰、迷你长寿花、多肉植
　　　物、绒叶凤梨、空气凤梨
左下图：佛手芋、虎尾兰、串钱藤、
　　　　莺歌凤梨、迷你蝴蝶兰
右下图：蝴蝶兰、冷水花

7.绿雕

绿雕可分为垂直绿墙、立体绿雕，是由很多小植物堆叠出的大作品。

垂直绿墙，是靠着墙壁一格一格地将植物垂直种入，结合自动给水装置为植物供水。

立体绿雕，可做出城堡、人物、动物等各式各样的造型。先用焊接方法将造型外观做出，铺设铁丝网、介质和水草，然后将植物以嵌入方式植入，内部架构空间安装大型电动机给水装置。

上图：展馆形象墙

下图：停车场入口

公主每天穿着华丽的衣裳，在皇宫中参加各式各样的宴会。但在公主心中，最吸引她的不是派对的奢华热闹，而是花园里盛开的花朵与蝴蝶。

因此，她常常在花园里流连忘返。穿着千变万化、由花朵打造的盛装，就是她的梦想。让我来帮助公主实现理想，成为百变公主吧。

将铁质的项链、耳坠挂饰架，改造成种植多肉植物的小型绿雕，长约 30 厘米。

8.商业花礼组合盆栽

　　打破组合盆栽属性与传统的种植概念，以鲜花色彩与花卉礼品为第一考量，色彩必须漂亮，作品必须有可欣赏性，符合经济效益及花卉礼品的目的性。不求长长久久的种植效应，而是提高花卉礼物的即时效应。

右图：蝴蝶兰、长寿花、常春藤、
　　　白网纹草、合果芋

下图：擎天凤梨、蝴蝶兰、长寿花、
　　　山苏、达摩凤梨、嫣红蔓

左图：火鹤、鹿角蕨

下图：蝴蝶兰、火鹤、
　　　白网纹草、丽格海棠、
　　　长寿花、常春藤

9. 水培组合盆栽

水培组合盆栽，包含了水生植物与水培植物，用水培的方式将组合盆栽设计在水域里。

左图：佛手芋、合果芋、白玉黛粉叶

右上图：大木贼、海洋之星

右下图：斑太蔺、瓶子草

左上图：佛手芋、白玉、合果芋　　　　右上图：火鹤、常春藤

左下图：泽泻、美人蕉、斑叶芦竹、铜钱草　　右下图：旺旺树、苔藓球

10. 环保利用

　　使用生日蛋糕的泡沫塑料盒当花器，强调回收再利用的概念，需先打出排水孔。

图：绣球、欧洲牵牛花

①开排水孔。

②加大排水孔。

③将无纺布剪成圆形。

④将无纺布置于底部，做成隔层。

⑤加植物所需的培养土。

⑥脱盆种植。

⑦不留缝隙。

⑧加放另一种植物。

⑨摆放植物。

⑩必要时补土。

⑪将花器边缘擦拭干净。

⑫加上缎带。

组合盆栽的种植是有工序的

单种花卉组合

一般人会认为，组合盆栽就是把各类植物放在一个花器里面就可以。当然，从广义上来说这种观点并没有错。

但其实针对种植植物的属性不同，需要的介质也不同，当然会有不同的工序产生。

尤其是对组合盆栽已经非常了解，能抛开属性相同的要求而进入真正的混搭种植时，就必须要有分层种植或者分区种植的概念。

种植工序包含种植介质的调配、花器的应用以及区块的展现设计。

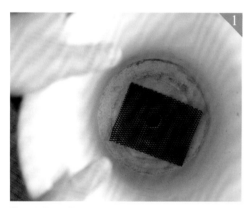

将网片放置于排水孔上方。

加入发泡炼石。

将发泡炼石平铺均匀。

盖上无纺布。

根据需要添加培养土。

放置植物。

补土，保证土的高度在盆沿下 1 厘米。

补土完毕。

多种花卉组合

①加入培养土。

②种植第一棵绣球。

③种植第二棵绣球。

④种植第三棵绣球。

⑤整理土的高度。

⑥从盆器边缘种植第一棵康乃馨。

⑦继续种植康乃馨。

⑧调整康乃馨的高度。

⑨沿着盆器边缘种植康乃馨。

⑩用康乃馨补满。

多层次组合

本作品利用了堆叠手法进行分隔种植，并将植物属性类别作为创作元素。

1. 利用盆器作为堆叠手法的元素。

2. 利用木头和苔藓球呈现分隔种植的方式。

3. 利用上下座的空间方位，将植物按阳性植物及阴性植物来分别呈现。

①确定好盆与盘的堆叠位置后，在盆内加入培养土。

②将羽裂福禄桐种植在主位。

③将水沉木摆设到将来兰花水苔要
　放置的地方。

④种上白网纹草。

⑤种上观音莲。

⑥种上冷水花。

⑦种上嫣红蔓。

⑧摆设蝴蝶兰水苔。

⑨下层加培养土，种上兔角蕨。

⑩将培养土做成高低层次，然后将
　苔藓植物铺上。

⑪将篱笆饰品摆放好，作品完成。

组合盆栽的色彩概念

　　大自然中植物的颜色不是单一的，而是丰富多彩有层次感的。组合盆栽的组合里面有三大元素：植物、花器及情境装饰品。这三大元素就已经具备了颜色组合的选择条件。植物无法只用冷色系、暖色系来区别，因为它们有春夏秋冬四季变化。

1. 可以利用植物的颜色搭配来呈现季节性色彩（善加利用植物的色彩元素进行色彩整合）。

2. 可以利用装饰品（如动物饰品、玩偶饰品、卡通人物饰品、世界标地雕塑品、蜡果装饰品、香精蜡烛、铝线装饰品、缎带结等）的情境带动作用来呈现想要表现的故事情境。

3. 可以利用花器的质地、颜色（如陶盆、水泥盆、木盆、藤篮、马口铁、铝器、玻璃纤维、玻璃花器、自然树木素材等）来呈现想要表达的设计质感。

左上图：荷包花　橙＋橘（可口）　　右上图：石莲　银＋灰（阳刚）

左下图：长寿花　桃＋金（甜蜜）　　右下图：玫瑰　粉红＋蓝（清爽）

春天具有的特性：早晨、多彩、丰富

夏天具有的特性：中午、绿色多、色彩较亮、曝光度高

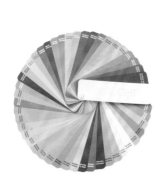 

秋天具有的特性： 傍晚、丰收的颜色、橘黄色调、枫红

冬天具有的特性： 石头、水、皮革、天空、树干、沉稳

色彩时钟

美的 10 种形式原理

形式又称"构成"，是指某物的样子和构造。它是探讨一切事物形状和结构的原理。

美的形式原理可归纳 10 种形式原理，包括调和、反复、律动、统一、比例、渐变、对称、秩序、均衡、对比。

1. 调和

饰品、植物与花器的黄金比例约为 2:7:5，为不等边三角形。

植物

饰品

花器

2. 反复

相同植物被重复使用，如火鹤用来体现植物大小比例的差别性，绿色植物则用来制造线条与色块的效果。

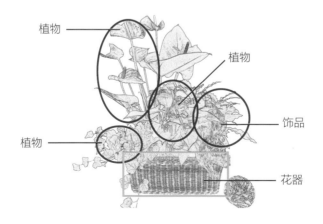

植物

植物

植物

饰品

花器

3. 律动

随着盆栽大小的变化，制造出像音符一样的律动。

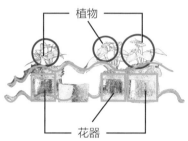

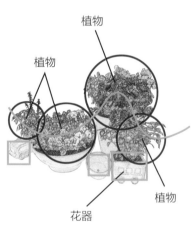

4. 统一

植物属性相同或花器属性相同，使用的元素也一样，更有统一性，如全部使用多肉植物、同种花器。

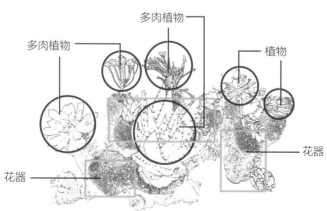

5.比例

可分 3 种：7:5:3，不等边黄金比例；3:3:3，均衡比例；7:3，强弱比例。

植物

植物

花器

6. 渐变

植物的表情、叶形、长短皆有不同，利用这些不同的元素呈现渐变的变化。

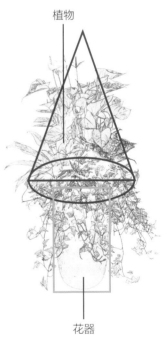

植物

花器

7. 对称

左右两侧对称的视觉效果，比例也相当。

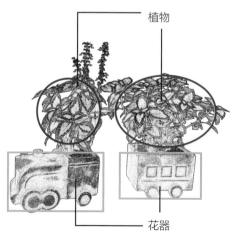

植物

花器

8. 秩序

单一元素但有条不紊，像林树一样排列。

植物

花器

9. 均衡

视觉比例按 1/3+1/3+1/3 进行平衡，利用缎带与常春藤柔化作品的线条。

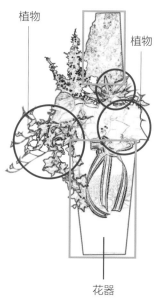

植物

植物

花器

10. 对比

作品以视觉的对比为主，质地色彩分上、中、下或左、中、右，以区隔植物与花器。

植物

花器

左上图：蝴蝶兰、金叶络石、卷叶山苏　　　　右上图：蝴蝶兰、猪笼草

左下图：蝴蝶兰、山苏

右下图：蝴蝶兰、擎天凤梨、达摩凤梨、嫣红蔓、红彩头、山苏、长寿花

第三章

兰花组合盆栽

兰花在组合盆栽的花材中是一个非常重要的角色，

在早期花店业者的设计里，兰花主要以切花的形式作为花礼的主要材料，

但是因为其寿命长且花朵美，除了切花之外，

兰花的组合盆栽也越来越切入花礼市场，并成为佼佼者。

兰花分为阴性兰属和阳性兰属，不同兰属的组合盆栽使用的种植介质不同。比如，蝴蝶兰使用水草，文心兰使用蛇木屑，虎头兰使用碎石和花生壳，报岁兰则使用花生壳和水草。

蝴蝶兰

水草

文心兰

蛇木屑

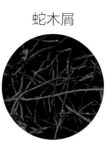

石斛兰

蛇木屑

碎石

仙履兰

蛇木屑　　　木块　　　水草

嘉德丽雅兰

蛇木屑　　　水苔

虎头兰

碎石　　　花生壳

报岁兰

花生壳　　　水草

阳性兰属

　　属于全日照的兰花，耐日照能力比较强，多为亚热带兰花科别，如文心兰、石斛兰、虎头兰、万代兰、千代兰等。

文心兰　　　　　　石斛兰　　　　　　虎头兰　　　　　　万代兰

左下图：虎头兰、长寿花、常春藤、黄金葛

右下图：虎头兰、海芋、火鹤、球兰

左下图：文心兰、蝴蝶兰、金叶络石、
　　　　白鹤芋

右上图：文心兰

右下图：文心兰、蝴蝶兰、金叶络石

阴性兰属

　　阴性兰属的兰花是耐阴性植物，属于室内观花，它们需要的温度范围为 22~27℃，嘉德丽雅兰、香兰、一叶兰、蝴蝶兰属于此类。

左图：蝴蝶兰、常春藤 / 有如温暖秋阳，暖暖沁人心

右图：蝴蝶兰、竹柏、球兰 / 增加了鱼游水中的意象，给夏季带来缕缕清凉

嘉德丽雅兰

香兰

一叶兰

蝴蝶兰

左下图：蝴蝶兰、吊兰／可以凭借单一元素就有独特的呈现，也可以成群结队组
　　　　合成特质的作品

右下图：蝴蝶兰、合果芋、多肉植物／画框里的幽情，两小无猜

左上图：蝴蝶兰（多色）　　　　右上图：蝴蝶兰、合果芋、猪笼草

右下图：白花蝴蝶兰、猪笼草／采用分隔种植的花艺手法，将生命介质与非生命介质进
　　　　行混搭

永生花、绣球与尤加
利构成了非生命介质
的元素

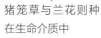

猪笼草与兰花则种
在生命介质中

花器 + 应用

如同穿衣的概念，女人需要穿着
来表现美丽，花卉也是如此，应
用器皿来表现氛围、气质。

左下图：粉色蝴蝶兰、常春藤、
　　　　冷水花
右下图：蝴蝶兰、常春藤

左上图：仙履兰／追求色彩的协调，花→器皿→饰品的色彩统一。油灯也可以变成花器，
　　　　燃烧成金黄的缭绕仙气

右上图：仙履兰／饮一杯清闲，赏一季幽雅

下　图：仙履兰、百万心／翠绿中的金黄，跳跃的情怀，精巧是生活的另一种享受

| 第四章 |

观花组合盆栽

观花组合盆栽，从字面看就知道它以观赏漂亮的花卉

及其美丽的颜色为主。

观花组合盆栽，简单来说可分为木本花卉和草本花卉，

绝大部分的观花组合盆栽以户外植物为大宗，

放置室内的话，必须是阳光比较充足的地方。

室外观花

木本的花卉，有杜鹃花、仙丹、朱槿、紫藤、紫薇、玫瑰等，草本的花卉有四季海棠、丽格海棠、凤仙花、千日草、鼠尾草、日日春、马缨丹、矮牵牛、蓝眼菊等。

可食户外组合盆栽：可食可赏

左图：百合、丽格海棠、绣球、五彩辣椒、常春藤

右图：鼠尾草、石竹、五彩辣椒、吊兰

左上图：绣球、长寿花、薰衣草、薄荷　　右上图：合果芋、薄荷、菊花（白、紫）

左下图：白火鹤、夏堇、迷你日日春　　右下图：鲁冰花、薰衣草、孔雀草

色彩搭配改变温度

上图：白色凤仙、紫凤凰、黄色矮牵牛、紫红色凤仙/户外草花的组合，色彩
　　　搭配无疑是其灵魂之一，改变颜色，就变换了视觉温度

下图：白色凤仙、紫凤凰、黄色矮牵牛、常春藤/热情红艳的凤仙花展现的是
　　　热阳光彩，换上翠绿的常春藤后，则为夏天带来清凉快感

花器与盆栽的有趣互动

上图：海豚花／在植物与花器的配置上，可以玩出组合盆栽的趣味性。跳跃的海豚花搭配一个简单的陶盆，有如海豚出水的快乐让整个情景鲜活了起来

下图：彩叶草、三色堇／三色堇与彩叶草，以及可爱造型的花器，通过小角落的摆设制造出对话的趣味

因色彩不同而风情各异

同一种花卉，不同的花色，就可以搭配出无数的组合。以白色海芋为例，可单独使用纯净的单一白色，也可以将其置换为紫色、粉色，如此一来，就能玩出有很多色彩的游戏。

左上图：白色海芋、仙客来／温柔多情的白桃
　　　　色系
左下图：海芋、凤仙花／高雅的白紫色系
右下图：海芋、凤仙花／青春洋溢的白粉色系

左上图：白色海芋 / 清亮光彩的白绿色系

右上图：彩色海芋、凤仙花 / 充满爱意的桃红色系

左下图：彩色海芋、欧洲牵牛花 / 骄傲的黄紫色系

右下图：彩色海芋、勋章菊 / 甜蜜的橘黄色系

居家组合盆栽讲求实用

居家组合盆栽注重的是实用性，不一定使用太多装饰，反而是善用空间，如用吊盆或多层次的花盆，更能为小小空间制造多彩的绿意。

右上图：红蝉、彩叶草、凤仙花

左下图：勋章菊、美女樱、金鱼草、石竹、
　　　　满天星、四季海棠

右下图：雪茄花

左上图：重瓣欧洲牵牛花、
　　　　天使花

左下图：麒麟花、朝天椒

右下图：摆放在门前的组合盆栽

节庆花礼善用饰品

　　对布置主题进行强调，使得组合盆栽具有花艺般的节庆意味。例如，通过增加缎带、卡片，以及具有节庆味道的装饰品，就是非常符合主题的花礼组合。

左下图：冰激凌绣球、彩色海芋、蓝眼菊／高大的冰激凌绣球，搭配彩色海芋，就像花
　　　　园里的花精灵一样，美丽多彩且赏花期很长

右下图：菊花、火鹤、常春藤／利用花艺的手法将礼盒与组合盆栽搭配在一起，等于是
　　　　一个复合式的产品。这个作品由组合盆栽加上永生花礼盒构成，不突兀且可
　　　　"一鱼二吃"

左上图：白鹤芋、火鹤、吊兰、雪茄花、多叶兰／将白鹤芋、火鹤、吊兰搭配在一起，放在半日照的环境里，赏花期很长，是一个非常好的花卉礼品，同时也是一个非常好的居家组合盆栽应用

左下图：吊兰、粉红佳人、合果芋、多叶兰／户外的观叶植物很少有这样柔软的色彩。作品后方的花朵其实是多肉植物的花，开花期为1周左右，相当难得，与粉色合果芋搭配，颜色相得益彰

右下图：菊花、天竺葵、三色堇

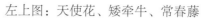

左上图：天使花、矮牵牛、常春藤

左下图：白鹤芋、彩叶草、海豚花、矮牵牛

右下图：彩色海芋、球兰、金叶络石、情人菊

科技新潮的组合盆栽

　　随着科技的进步，LED 灯灯饰装置被应用在组合盆栽中，通过移动电源供电，即插即用，非常便利也非常环保，既有新奇性又很有观赏价值。

左上图：檀香柏、多肉植物、雪茄花、冷水花
下　图：檀香柏、小黄兰、观音莲、冷水花

室内观花

室内观花以火鹤为主，应用也最广泛。

图：火鹤、黄金葛、竹芋／在古典花器中以种植火鹤为主，搭配竹芋及观叶植物，典雅脱俗

图：火鹤、蝴蝶花、孔雀竹芋、长寿花、百万心、常春藤／考虑花器本身的色彩，
　　对植物的颜色进行选择利用，金黄与橘红的色彩融合，让作品中的植物与花器
　　有合而为一体的感觉

同样的花卉素材与摆设，使用不同
花器，就展现出不同的风格。

左上图：擎天凤梨、火鹤、凤尾蕨

下　图：火鹤（各色）、鸭跖草、吊兰

组盆手法相同，利用饰品的特质却可以呈现不同情境。

上图：火鹤、常春藤 / 呈现的是自然风情

下图：擎天凤梨、黄金葛 / 呈现出海边沙滩氛围

图：龙柏、圣诞红、卷柏、常春藤

左上图：圣诞玫瑰、凤尾蕨　　右上图：圣诞红、银叶菊、常春藤

下　图：檀香柏、金叶络石、绒叶凤梨、凤尾蕨

左上、下图：檀香柏、圣诞红、银叶菊、红竹、常春藤／节日组合盆栽，三面可供观赏

右上、下图：圣诞红、卷柏、常春藤／花艺设计组合盆栽，两面皆可观赏。跳脱传统栽植方式，不是把植物种在盆里，而是把植物嵌进藤球里

第五章

多肉组合盆栽

包括仙人掌在内的多肉,

是时下年轻人喜欢的植物,

当然也是很多初学植物种植的人

最爱的绿色宠物。

壁挂式多肉风情墙

粗犷型的多肉组合盆栽，从植物的外形来看多是大型、粗犷或霸气的品种，而花器也多半是粗糙、原生态（树木、根、干）或较大的作品。

因应垂直绿化及墙面绿化美化的元素需求，壁挂式组合多肉盆栽是很多年轻人喜欢的作品。

粗犷中的沉稳

利用大型的树干或蛇木柱所呈现的自然氛围，将多肉植物嵌入树干中，有一份真实生长的呈现，又展现植物沉稳的样貌。

下图：在方块形的石头上嵌入圆形或放射
　　　状的多肉植物，以几何图形的姿态
　　　展现。石头方方正正、沉甸甸的质
　　　感，会让这个作品呈现稳稳当当的
　　　阳刚气质。

铝线是一种非常具有装饰性质的金属材料，好玩又具有独特性，有非常多的颜色及各种粗细度可供选择。创作者可以依其颜色及粗细的不同，创造出独一无二的装饰饰品。

宝蓝色的威士忌酒瓶加上金黄色的铝线，让整个瓶身变得非常奢华且富有设计感。多肉植物也可以玩得很华丽。

精致型的多肉组合盆栽，在表现手法上讲究精致，要有强烈的手感，甚至具有花礼的效果。

生活里的任何一个器皿都可以成为多肉植物的家，如酒瓶、酒瓶架、花器，甚至能够制作成多肉花束。

多肉组合盆栽可以玩得非常有情境感，只要改变装饰的饰品，那么其故事性就不一样了！

新科技创意组合

【生物保水砖】是利用废弃材料经过纳米黏合高温烧制而成的无机产品，不会出现发霉、生虫、腐败现象，相对密度也比传统的绿化产品小，容易加工，是屋顶绿化及垂直绿化的首选产品。它有较强的吸水、保水、节水、净水、渗透水及重量轻等特点，用来制作组合盆栽也非常适合。

多肉花礼组合

鲜花有花篮和盒装形式，多肉植物也可以如此仿效，作品可爱，观赏时间又很长。

种植多肉的时候可以一种多肉再加上一种多肉，而设计创造的时候也可以利用饰品、架构，再加上精致的手感，开心地进行组合创作。

图：正反面都可以欣赏的作品

更换可爱的单一元素，就像帮洋娃娃们换衣服一样，开心种多肉。

多肉植物的可爱，加上花器饰品的相衬，令人爱不释手，难怪多肉组合盆栽被称为疗愈系。

第六章

观叶组合盆栽

多数人都希望生活在绿意盎然的美丽空间中，

但碍于现代人的生活空间，很多建筑没有阳台和窗台，

中央空调设施成了建筑物的主要配备。

如何把绿意引进室内呢？观叶植物成为室内绿化美化最大的绿色来源，

尤其是有多种观叶植物的组合盆栽，

更能让人欣赏到多样色彩及形态，可谓一盆数得。

这是一个三面都可以观赏的作品，正面侧面都有欣赏的焦点。

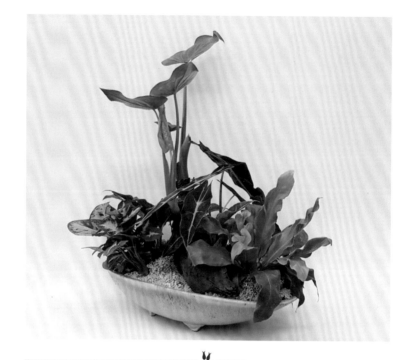

图：佛手芋、观音莲、合果芋、粗肋草、山苏

上图：山苏、金叶络石、金边虎尾兰、松萝

右图：铁线蕨、大岩桐、常春藤、红网纹草

上图：矾根、红网纹草、孔雀竹芋、山苏

右图：矾根、红网纹草、孔雀竹芋、蝴蝶兰

下图：观叶植物

上图：矾根

左下图：状元红

右下图：冷杉、金叶络石、竹芋、长寿花

室外观叶

对于室外观叶植物，应选择乔木、灌木等全日照植物来做组合盆栽的配置。

左上图：肯氏南洋杉、长寿花、冷水花、观音莲

右上图：发财树、金叶络石、长寿花、冷水花

左下图：火鹤、檀香柏、黄金虎尾兰

右下图：罗汉松、矾根、串钱藤

左上图：串钱藤、长寿花、凤尾蕨

右上图：天堂鸟、斑太蔺、白网纹草

左下图：山漾木、木贼、发财树、白网纹草

右下图：太阳神、莺歌凤梨、山苏、白玉、天竺葵

右上图：枫

下左图：美铁芋、黄金葛、长寿花、猪笼草、吊兰

下中图：柠檬千年树、红竹、长寿花、猪笼草

下右图：瓶子草、猪笼草

| 第七章 |

商业花礼组合盆栽

打破组合盆栽的属性与种植概念，

将花卉礼品和用鲜花创作色彩作为重点考虑要素，

色彩必须漂亮，作品必须有可看性，符合经济效益及花卉礼品的目的性。

不求长长久久的种植效应，只求花卉礼物的实时效应。

皮革礼盒

在设计之前，先考虑皮革质感及防水措施，再进行植物的配置与色彩的搭配，这是一个符合现代感的摩登作品。

上图：蝴蝶兰、国兰、蛤蟆海棠、串钱藤

下图：混色火鹤

荣升贺礼

在设计荣升贺礼时必须注意的是，作品放置于室内的机会非常高，因此应该考虑适合室内摆设的植物，选择色彩鲜艳与寓意美好的植物来配置。

上图：蝴蝶兰、山苏、长寿花、白玉、粗肋草、黄金葛

下左图：火鹤、蝴蝶兰

下中图：蝴蝶兰、火鹤、金枝玉叶

下右图：蝴蝶兰、火鹤、黄金葛

入宅布置

入宅组合盆栽除兼具喜气之外，还必须符合对方的居家设计，以及布置的氛围。作品不用太大，但必须切合对方的居家空间与格调。

左上图：蝴蝶兰、天堂鸟、黄金葛、嫣红蔓

右上图：天堂鸟、福禄桐、嫣红蔓、七里香、雪荔

左下图：羽裂福禄桐、山苏、黄金葛、皱叶卷柏

右下图：粗肋草（多色）、串钱藤

左上图：火鹤、山苏、合果芋、弹簧草、常春藤

右上图：火鹤、百合竹、山苏、圣诞红、弹簧草、常春藤

左下图：火鹤、兔角蕨、山苏、珍珠橙、百万心、卷纹秋海棠、弹簧草

右下图：火鹤、长寿花、彩色海芋、香草藤

左上图：仙履兰、薜荔　　右上图：蝴蝶兰、常春藤

左下图：蝴蝶兰　　　　　右下图：球兰、天竺葵、菊花、常春藤

左上图：粗肋草、千年木、蝴蝶兰　　右上图：蝴蝶兰、猪笼草

左下图：火鹤、百万心、空气凤梨　　右下图：蝴蝶兰、凤尾蕨、冷水花

节庆贺礼

因应节庆的主题，所以先选好种植用的花器，再选定恰当的植物组合。

例如：选用红色的花器、三角形的檀香柏、圆形的圣诞红加上三彩缎带，节日的气氛就表现无遗。

左上图：彩色海芋

左下图：香兰、波士顿蕨、报春花、凤尾蕨

右上图：海芋、常春藤、长寿花

右下图：迷你鸡冠花

左上图：火鹤、檀香柏、金叶络石、空气凤梨

右上图：檀香柏、圣诞红、白鹤芋、黄金葛、吊兰

左下图：檀香柏、圣诞红、白鹤芋、吊兰、黄金葛

右下图：火鹤、太阳神、球兰、仙客来、波士顿蕨、金叶络石

情人节花礼

　　情人节花礼是必须有情境设计、概念的作品。在设计时应尽量有心形的设计元素或者双双对对的呼应元素，这样就容易营造出情人节的氛围。

左上图：常春藤、玫瑰、仙客来、报春花

右上图：玫瑰、金叶络石

下　图：多肉礼盒

左上图：蝴蝶兰、火鹤、黄金葛、常春藤、猪笼草

右上图：蝴蝶兰、白鹤芋、大岩桐、粗肋草

左下图：蝴蝶兰、冷杉、文心兰

右下图：香兰、蝴蝶兰、长寿花、常春藤、粗肋草

开幕贺礼

用作开幕贺礼的组合盆栽应尽量配合对方的商业营业元素去设计。

例如：珠宝店就必须选择花器跟珠宝商品接近的质感，尽量精致贵气；健康食品餐厅，尽量考虑与健康相关的花卉植物来设计，使用的容器也应与健康生态有关。当然，盆栽设计也必须喜气大方。

左上图：火鹤、观音莲、蟹爪兰

右上图：火鹤、常春藤、球兰、黄金葛、弹簧草

左下图：卷叶山苏、金边虎尾兰

右下图：擎天凤梨、山苏、粗肋草、串钱藤

左上图：蝴蝶兰、观赏凤梨、常春藤　　　右上图：蝴蝶兰、白网纹草、金叶络石

左下图：蝴蝶兰、波士顿蕨、小花文心兰　　右下图：蝴蝶兰、粗肋草、吊兰

左上图：合果芋、常春藤

右上图：粉色合果芋、波士顿蕨

左下图：仙履兰、天竺葵、凤尾蕨、多叶兰

右下图：蝴蝶兰、白网纹草、红网纹草、常春藤、长寿花、卷柏

餐桌创意组合

　　加入美式或欧式餐桌设计的元素，将桌子、餐具、椅子都视为设计的要素，使餐桌上呈现出可口、美味、色彩丰富的特质。

左下图：仙客来、冷水花

右下图：仙客来、冷水花、球兰

上图：长寿花、石莲等多肉植物

第八章

居家玩趣盆栽

相异于鲜花较短的欣赏周期，

盆栽受到居家青睐的程度很高，因为它陪伴主人的时间较长。

只要用心了解植物的生长习性，随性换上花器和植物，

就能很简单地善用组合盆栽变换居家色彩，增添绿色生命。

客 厅

客厅是居家环境中最被重视的空间，也是家人生活、宾客来访的主要场所。对于花草盆栽而言，它也是所有居家环境中最具表演与欣赏特质的场所。可正式、可休闲的风格弹性，让人天天都想在客厅布置一盆花！

盆栽原则

位置

较现代派的客厅，没有桌子仅铺有地毯，在设置落地式花卉布置时，务必考虑使用密闭式花器，若使用开放式花器则必须加置底盘，以便于浇水。

光线

客厅靠近落地窗，朝向是一个考虑。南北向的光源比较少，而东西向的光线充足时，可以选择种植全日照或半日照即可开花的花卉，以及所有喜阳性观赏植物。

动线

客厅是人与人沟通的空间，应该是以人为本，花卉布置为辅，不要影响人的行动与生活习惯。如果是桌上盆栽，注意高度不要影响观赏电视；若放在小茶几上，更应以精巧为主；如果放在矮柜上，要尽量避免造成动线不便。

大小

盆栽的成品大小，会依布置的位置调整，建议落地式盆栽不要高过全墙面的 2/3，譬如屋高 300 厘米，选购的盆栽最高只能达 200 厘米，必须保证植物生长的空间。

咖啡小树盒　　　　　　　春不老摩登帽

收纳用的方形盒，稍加改装，将贝壳粘在
已经掉落的锁头位置，再种上几株咖啡树
苗，就成为孩子最喜爱的种子小盆栽。

阳光遍洒进来，观海的悠闲心情打开，
株株分明的春不老小盆栽，在小茶几上
也凑一脚，分享喜爱自然人儿的好心情。

小盆栽混搭游戏

想要尝试组合盆栽，从观叶植物和仙人掌下手最简单，只要注意把握"高、中、低的植物皆有安排"的原则，就从花市特价的小盆栽入手来尽情混搭吧！

粉红佳人火鹤盆栽

四季皆可观赏的火鹤盆栽，除了热情的火红色，还有很多浅色或小巧的新面孔，将它珍惜地种入陶螺贝中，好好欣赏。

五指多肉峰

与蛋型贝壳十分合拍的多肉植物，适合造型鲜明的特殊花器。动动脑找出家中的宝物将其种入，会显得更加亲近生活，唤起记忆。

长青盆栽居家风

相同的花器，换上不同的观叶植物如
佛手芋、袖珍椰子，搭配可爱的布偶
熊，就会产生两种风情。

观叶自然的简单线条

造型强烈的木制花器，不需要太过鲜
艳或夸张的植物，像佛手芋这种线条
简单的植物反而更能衬托出整件作
品，让视觉的焦点不分散。

多层次组合盆栽

低调内敛的陶器，圆弧状的造型搭配耐种、易照顾的发财树、绒叶凤梨、火龙果，以清爽多层次的颜色组合成一盆耐人寻味的室内绿意。

品一杯香醇绿意

茶桌里有许多汰旧的茶杯，古韵犹存，拿来种植酒瓶兰、火龙果，以植物代茶，居然别有一番风情，有可能马上成为众人惊呼的焦点呢！

转换视界的乐趣

①一手轻拉白鹤芋，一手挤压塑料盆，使植物脱盆。

②将植物放入陶碗中，在剩余空间补满培养土。

③填满培养土后稍加压实，土表用贝壳砂装饰。

原本会让人有点烦恼的木头造型花器，配上质感古旧的陶碗，搭配起来产生意外的自然感，会有一种转换生活的小小成就感。

房 间

房间是居家环境中占比极大的空间，不管是卧室、书房，还是工作室等其他用途的房间，都是家人生活的重要场所。因使用的时间和用途不同，布置花草的原则也略有差异，不变的是那份把花草带进生活空间的愉悦和享受。

盆栽原则

位置

梳妆台、收纳柜、床头柜、书桌……用盆栽对其进行布置，随着每位使用者的身份而变。特别需要提醒的是，要将盆栽放在可经常看得到的位置，否则因忘记照顾而导致盆栽衰败未免可惜。此外，摆放位置也关系到植物的选择，如：卧室以休息为主，要避免颜色太鲜艳，或有强烈香气的花；书房应准备清新有朝气的植物，以帮助提振精神。

光线

房间通常都有窗户，只是会因外围环境而影响采光条件，一般拥有的光照条件从半日照到耐阴较多。因此，建议选择需旋光性不强的盆栽，或耐阴性强、可以接受光照不足的花花草草。

动线

每个人待在房间的基本习惯，不外乎梳妆、更衣、阅读等日常作息，会有使用概率较高的地方。因此，摆设花草时应避免放在容易被撞到的地方，如衣橱、门口、书柜、梳妆台等外围。尤其是在进出房间都会使用的灯具开关的附近，容易因粗心而挥落植物。

大小

房间里适合摆放花草的地方，多以桌面为主，因此建议采用可一眼看得清楚的比较小而精致的布置，综合考虑其他光线、位置等条件。

房间是应用时间颇多的空间，
将绿色引入室，可以为生活带来生趣。

放空养神的多肉沙漠

紧盯计算机成为现代人无法避免的生活，那就暂时躲起来吧！躲进不会有人靠近的沙漠，给脑袋一点时间的歇息和放空。

①在底部有排水孔的花器内铺上无纺布，防止土壤流失。

②倒入培养土，根据待移入盆栽的土团调整用量。

③用筷子将三种仙人掌移植到花器中，操作时应注意避免被刺伤。

④覆土，将土团空隙补满，并在土表铺上贝壳砂。

书架上的小庭院

①先在花器中倒入培养土，根据待移入盆栽的土团调整用量。

②依序将植物脱盆、植入，想象成是在进行迷你庭院的造景。

③覆土，将土团空隙补满，并在土表铺上蓝色琉璃石。

④在翡翠木下方，以牙签交叉排列的方式制作一排围篱，小小庭院的氛围就出现了。

借由植物的设计和巧思，如小小的篱笆木架、铺石造景的运用，同样也能在居家环境中，感受那种惬意、尽情发挥的乐趣。

浴 室

浴室是每天都会进出停留的空间，既是洗涤一身疲惫的去处，也是增进家庭亲子感情的另一个小天堂。在这样的环境里布置花草植物，可以调节身体和心理的放松状态。随手浇灌的动作，也为生活增添了另一种趣味呢！

盆栽原则

位置

由于浴室里的水蒸气比较多，在布置花草的时候，要以放在距离热气远的地方为原则，如洗手台、收纳架、镜面等位置。基本上，有窗户的浴室，水汽排除得比较快，不仅有助于盆栽，鲜花的保鲜度也会较优；无窗户的浴室，就必须选择耐阴、耐湿的植物，否则养护会比较困难。

光线

浴室，一般仅考虑是否为安全沐浴空间，极少数会注重自然光源是否足够，但这对于植物来讲却是最重要的部分。因此，需考虑浴室是否有窗户或气窗，以让日光自然进入，如果光线不足，可选择蕨类植物或是花叶厚实的植物，较能耐高湿、耐阴。

动线

纯粹以布置空间功能来考虑，浴室通常不考虑落地式、大型盆栽，否则会影响行走动线。建议在常使用的器具周遭如洗脸台、镜面、墙壁与窗台上进行布置，也可以使用吸盘花器，较不会妨碍活动。

大小

浴室空间一般仅够使用，剩余空间大多为零碎、狭小的位置。因此，选择布置的盆栽通常以单一、小盆为主，不但能为空间画龙点睛，也不会影响日常生活。

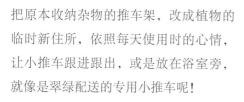
翠绿配送的小推车

晶莹剔透水中绿

把原本收纳杂物的推车架，改成植物的
临时新住所，依照每天使用时的心情，
让小推车跟进跟出，或是放在浴室旁，
就像是翠绿配送的专用小推车呢！

风姿绰约的铁线蕨，是许多人最喜爱的蕨
类植物。它不能接受强光和需要充足水汽
的特性，使其正好适合布置在阴凉的浴室
中。利用简单的玻璃瓶，搭配清透的琉璃
石，就能将叶片的嫩绿表露无遗。

浴室的好朋友

素烧陶会将多余水分排出，运用在多湿环境的浴室颇为适合。选择需旋光性较低的观叶或蕨类植物，轻松用陶盆水培，就是浴缸旁的盎然生机。

①因此款素烧陶中间有镂空设计，必须先在其内部铺上一层玻璃纸。

②口径较小的花器，可先倒入水，让水的重量迫使玻璃纸在内部撑开。

③将超出器口的玻璃纸剪掉，再加入洗净根的植株即完成。

绝对自我的手作纹饰

自由度很高的铝线，可以随心所欲地创造出想象中的纹饰，为单调的盆栽加分，也能表现出自我特色。

①将铝线拉过铸铁支架，先行固定以便后续施力。

②可直接将铝线缠绕在笔身上，拉出漂亮的线圈形状。

③将铝线拉到另一边支架时，要先打个圆从后面和前面固定，可避免一拉就松脱。

④若想制作同心圆图案，可用粘有胶带的尖嘴钳旋转施力，这样不会压伤铝线。

⑤收尾时，切记将线头凹折进图案中，由后到前固定在花器上，以免搬动时被线头割伤。

⑥视花器大小，可拉多层铝线设计，或简或繁的图案表现出不同的创意。

⑦在种植用的玻璃器皿底部和侧边都先铺一层水苔，再在中间倒入培养土。

⑧陆续将植株脱盆，种入花器中。

⑨调整好位置后，覆土并在土表铺设青苔即完成。

窗 台

　　窗台或阳台是家中最适合种植盆栽的地方。布置前先观察住屋的日照条件，看一看属于"8小时以上的全日照环境""不足5小时但超过4小时的半日照环境""不足3小时但超过2小时的1/4日照环境"中的哪一种，再来选择自己喜爱或想要种植的植物。

盆栽原则

位置

　　在所有居家空间中，拥有较好日照条件的非窗台、阳台或落地窗莫属了。

　　不管是哪种形式的窗台，在布置前都要特别注重借景部分。也是就说，在一开始进行盆栽种植时，就要先考虑植物彼此之间的高低层次，恰当安排能让内景与外景有所呼应。

光线

　　对于拥有最佳光线的窗台，只要观察每天的日照时间和程度，就能挑选合适的植物。例如开花性植物或结果性植物，必须要在全日照条件下才能顺利开花结果。

　　半耐阴性的开花性植物，如长寿花、海棠、新几内亚凤仙花等，适合半日照的环境。真正接受阳光照射不超过3小时的窗台，只能选择耐阴的观叶植物。

动线

　　窗台本来就属于户外式的空间，对于使用者而言，不会有太频繁的生活动作，因此只要盆栽能稳固摆放即可。阳台或落地窗则是多功能的使用空间，盆栽有可能和晾衣架正好在同一个阳台，因此要选择生长性低矮的植物。家中养了宠物的话，则可以使用高架式花台或吊盆。

大小

　　单纯的花卉空间，应注意设计造型不要过于压迫，以保留植物生长的空间，保持室内外的空气流通。对于窗台，需要考虑户外风势的问题，不建议摆设高大的植株；落地式盆栽，则以空间的高度为布置时的首要考虑，预留植物的生长空间。

长椅上的单纯原始

落地窗前的长椅，慰劳了辛苦一天的神经。在长椅旁贴心地摆上一盆可以舒缓精神的盆栽，用素净优雅的白瓷，单纯地呈现植物原始的样貌。

①因花器有排水孔，需先在底层铺上一层无纺布，避免土壤流失。

②接着就可倒入培养土，根据待移植盆栽的土团调整用量。

③陆续将植物脱盆、移植，先从高的植株开始种起。

④待植株位置调整好，就可在土团与花器间的空隙覆土，作品完成。

把海滩搬进家中

运用别具风情的贝壳造型
花器，把渴望度假的念头，
转化成布置海滩风情的盆
栽吧。将其放在凉风徐徐
吹来的窗前，便可以感受
到那属于海边的惬意！

①造型不规则的花器，要先用培养土填满，并预留待
移植植物土团的高度。

②将植物脱盆、移植后，记得覆土。摆放时，可在底
部加放小装饰物用于固定，避免花器动摇。

①仙人掌需水性低，建议使用排水较佳的发泡炼石，以更好地养护。用发泡炼石填至花器 1/3 的深度。

②用筷子依序将植株植入，需确定根系完全种入发泡炼石中，避免生长不良。

③最后可在空白处适当摆上贝壳或个人喜爱的装饰品，增加植栽的丰富度。

仙人掌的冷气窗惊喜

为安装冷气预留的窗口，就像是不可多得的灵巧空间，宛如小小的外推窗台，不如就种上一盆喜欢阳光的仙人掌吧。

草花盆栽的灿烂日子

在寒气冻人的冬天，能看见
金黄色的阳光斜照窗前，就
如同盖上被阳光晒过的暖被
一般，让人打心底暖和了起
来。没有阳光的时候，就为
家中组合一盆多彩缤纷的草
花盆栽，放在落地窗前代替
躲起来的小太阳吧！

①倒入培养土。需预留待
移植植物土团的高度。

②在中间先植入高度最高
的鼠尾草。

③依序在四周植入金盏
花、情人菊和银叶菊。

④调整好位置后，在土表
铺上贝壳砂即可。

把心驻留在花草上

买了一组心形花器，一直不知道该如何用。在春暖花开，非洲堇正美，刚好符合3英寸盆（盆径约8厘米）大小之时，移植起来轻松又快速，马上就为窗台添了满满的心意!

①因花器有排水孔，需先在底层铺上一层无纺布，避免土壤流失。

②依序将植株脱盆、移植。

③因土团高度与花器的高度相近，可直接放入后再倒培养土。

④待覆土后，在土表铺上贝壳砂即可。

厨 房

厨房是全家人使用频率仅次于客厅的居家空间，也是照料全家饮食的忙碌战场。在这里，家人们会自然倾吐每天生活的点点滴滴，回到最真实放松的状态。因此，这里的盆栽布置适合从生活趣味出发，营造轻松有趣的气氛。

盆栽原则

位置

一般来说，厨房与卧室的布置原则刚好相反。在这里，越常使用的地方，越不建议种植花草，避免妨碍烹饪工作；还要避免出现在炉火边。吧台和餐桌则是优先选择的布置场所。另外，像收纳厨具或食品的橱柜、墙面，虽然经常被注视却不常被使用，也可以考虑小小布置一番。

光线

厨房的光线来源有限，就算不是密闭式厨房，能够布置盆栽的地方往往也是光线较差的地方，如洗手台或柜台下。因此，通常会以需旋光性少的水培植物或鲜花为主。如果想要种植盆栽的话，建议将灯管改成植物灯管。

动线

这里是家庭主妇的最大战场，所以经常使用的地方——从工作台到火炉边，在注重方便性的考虑下，就不太适合布置盆栽。如果真的没地方摆放，可以靠近墙面的零星空间为主，不太会影响工作流程。

大小

盆栽的大小，需依照摆放的格局决定。餐桌上适合放置低矮、大器的盆栽，以不妨碍用餐摆盘、不遮挡用餐人视线为原则。吧台，可使用较大的方长形摆设；橱柜空间有限，适合小品布置，以不超过柜子宽度的2/3为限。

当花草遇到食物

吧台是料理台和餐桌的小分隔岛，如果将花草植物和食物结合，会激荡出什么样的火花呢？既是摆盘设计，也是生活情趣，为吧台和全家人换一种心情吧！

①如果想使用造型特殊，但底部有孔的花器，可用热熔胶将孔填补好。

②接着用和花器同色系的胶带粘封住洞口，就完成不漏水的DIY花器。

③将3~4种植物脱盆，直接在花器左侧组合、压实土团，顺便调整位置。

④最后在土表铺上一层水草即完成，花器右侧可以摆放食品装饰。

①因瓷碗较深，可先倒入一些培养土，并预留待移植物土团的高度。

②在中间植入较高的沙漠玫瑰，外围植入松叶锦天和冷水花，并覆土压实。

直率爽朗的配饭盆栽

单身族或租屋族的餐桌，大多是小巧迷你的活动矮桌。小面积的桌面不适合摆设大型或花哨的花草，直接用居家必备的海碗，盛装绿意满满的 3 种植株，加上小篱笆的点缀，有种农家乡村的直率爽朗。

③最后架上小木篱笆作为装饰，即完成。

梳理台边的小灯笼

有着小小灯笼的提灯花，配合造型各异的常春藤和绒叶凤梨，意外组合成一盆风格迥异、色系协调的盆栽，让观赏者都因此精神了起来。

①先将待植入的盆栽与花器比对高度，稍微测量一下植株根团与花器的落差。

②在花器中倒入一层培养土，高度就是刚刚测量的落差。

③先植入较高的提灯花，再依序植入常春藤和绒叶凤梨，种植后要覆土。

④最后在土表铺上贝壳砂，遮盖住土层，较为美观。

角 落

随着生活感越来越被注重，转角、角落也逐渐受到重视。把平时收纳小家具与杂货物品的地方，运用回收的空瓶罐、闲置的容器（发挥创意将其变身为花器）配以花草，简单轻松地布置一番，会让生活更加舒适。

盆栽原则

位置

角落空间并无限定位置，一般居家容易产生的角落，如楼梯间、房间门口、转角处、层板平台甚至墙面，都可算是居家角落。在意想不到之处布置花草，反而有种细腻的生活感。

光线

以往转角、角落常被空间使用者忽视，除了本身位于光线比较弱的地方外，大部分也没有装置光照设备，误以为仅能摆设干燥花卉或适应恶劣环境的多肉植物。其实随着不同空间条件的变化，还是会有程度不一的散射光线，可针对光线挑选合适的室内植物。

动线

一般而言，角落多是使用者较不常走动的地方，空间够大的可以摆放落地式盆栽，变化较多；空间狭窄的或是墙面上，建议做立体式的盆栽布置，以免行走时出现碰撞，可运用吸盘或是挂壁式花器做轻盈的绿意点缀。

大小

摆设的盆栽大小，与角落空间的大小和摆放场地息息相关。如果是让人一眼即看见的场地，建议使用大型作品，跳脱出场域的特殊；若是小空间，则可搭配特别营造的氛围，摆设艺术品，安排大小相称的花器。

脚边的步步生机

楼梯扶手下方不好利用，常衍生成堆放杂物之所，不妨随手运用小型花器，搭配各色室内植物，跟着楼梯步步摆放，让人在行走时感受休闲生活感！

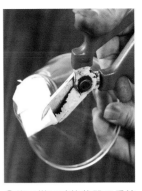

①将同样尺寸的花器正反粘贴，就会产生视觉变化。粘贴时建议以厚的海绵双面胶带为佳。

②依序将植物脱盆、移植入花器中。

③最后可稍加覆土，在土表铺上琉璃石即完成。

绿色生活调味料　　　　　　　　　转角遇见好运

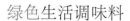

谁说狭小的空间无法布置？运用造型多
样、小巧精致的酱料碟，也能轻松帮植
物换新面貌！选择颜色和叶形差异大的
植物种类，排成一列的造型，随心情任
意搭配顺序。你想好今天要吃什么口味
的食物了吗？

过年买回来的开运竹（富贵竹），造型讨
喜，一直舍不得更换，不如保留强健的枝
条，继续水培养护，套入比例适当的白色
陶瓷，更显得竹节翠绿鲜明，放在楼梯转
角处正可天天欣赏，提醒自己每天都会有
好运！

办公室

繁忙的办公室空间，只要悄悄地加入花草的柔软身影，所产生的改变就远超过想象。植物可以帮助舒压、调整心情，不妨选择颜色清新、充满元气的花草，创造一处放松心情的角落。

盆栽原则

位置

往往要在桌面上同时进行打字、整理文件等多样工作事务，所以盆栽不宜占用过多的桌面空间。要充分利用收纳或墙面空间，建议有凸窗或素净墙面的，可以使用壁挂式或吸盘式花器，制造垂吊的绿意。

光线

一般办公室的室内设计多以人工光源为主，少有自然光源的引入。因此，受限于光照条件，往往仅能选择耐阴性高的植物，或是将植物定期放置在半日照的环境下补充光照，避免徒长的现象产生。

动线

办公室通常会有大量的文件及书籍，还有计算机与文具等，都是不能碰到水的。因此，应尽量布置在不会每天使用，但视线又看得到的地方，可以选择迷你小盆栽，降低影响工作的可能性。

大小

办公室空间有限，应尽量避免大型或太高的花器，以不干扰到桌面上的种种活动为先。如果有大型空间，则可摆设落地式植物，除非是个人喜好，否则仍建议以耐阴、耐旱植物为主。

注入绿意的书挡

凌乱的资料或书籍怎么收
纳？灵机一动，运用小盆
栽做书挡，既可以固定陈
列的书籍，也能随时为久
盯计算机的双眼补充微量
绿色画面，一举两得。

①此款花器内部有上釉，
可防止水渗出，很适合
室内盆栽用。

②先倒入少许培养土，并
预留待移植植物的土团
高度。

③分别将两盆植株脱盆、
移植。若植物太大，可
采用拆盆方式，选择适
当的枝条种入。

④最后要将空隙处完全覆
土，在土表铺上贝壳砂
即完成。

①因空纸盒并无孔洞，不适合接触水，所以要制作简易防水层。先以热熔胶或双面胶粘牢。

②将玻璃纸放入，以吻合容器形状的方式下压、黏合。

③然后将外露出容器的玻璃纸修剪掉。

④因容器较浅，直接用筷子将植株植入，确定位置后再覆土。

谜样女人香

把香水和仙人掌结合在一起，前所未有的搭配让人眼睛一亮，摆在桌面上更兼顾到实用性。

⑤最后可在土表用贝壳砂和琉璃石铺面，增加变化。

茶水间的幽默植栽

状似水杯的花器，与好种耐看的观叶植物搭配，清新而素雅。把盆栽摆放在茶水间，混杂在众多杯盘之中，为办公室制造另一种生活幽默的话题。

①用有孔洞的花器种植，可选择在下方垫一个浅盘，盛装浇水时流失的水土。

②若选择以热熔胶封住孔洞、粘贴胶带，就可直接种植。

③倒入培养土，并预留待移植植物的土团高度。

④接着就可直接将植物种入并覆土，土表用贝壳砂铺面即完成。

海滩秋日艳阳

破盆也有春天

左上图：白鹤芋、报春花、苔藓球　　右上图：百合竹、常春藤、圣诞红、弹簧草

左下图：苔藓球、蝴蝶兰、菖蒲、松罗　　右下图：空气凤梨

别有洞天

海不枯、石不烂

组合盆栽是指将多样植物，经设计后铺陈种植于一个容器内，或是将数种作品组合摆放在一起，呈现出植物本身特有的质感、色泽、层次感、自然情趣、庭园景观及线条变化的园艺创作作品。

它是1+1+1的组合游戏，既可以体现个人创作，也可以用于居家美化，更是商业园艺领域里重要的表现元素，是各项展览会中俱佳的演出者。

它是集美感、创作与技术的整合艺术，是活的花艺。本书汇集了作者350多个组合盆栽的创作与表演杰作，可以为从事组合盆栽的园艺工作者和爱好者提供一定的参考。

原著作名：《活的花艺 移动的花园 组合盆栽全书》

原出版社：城邦文化事业股份有限公司 麦浩斯出版

作者：张滋佳

中文简体字版© 2021年，由机械工业出版社出版。

本书由台湾城邦文化事业股份有限公司正式授权，经由凯琳国际文化代理，由机械工业出版社独家出版中文简体字版本。非经书面同意，不得以任何形式任意重制、转载。本著作限于中国大陆地区发行。

北京市版权局著作权合同登记 图字：01-2019-2318 号。

图书在版编目（CIP）数据

花图鉴：花卉组合盆栽全书. 提高篇 / 张滋佳著.
— 北京：机械工业出版社，2021.3
ISBN 978-7-111-67437-5

Ⅰ. ①花… Ⅱ. ①张… Ⅲ. ①花卉 – 盆栽 – 观赏园艺 Ⅳ. ①S68

中国版本图书馆CIP数据核字（2021）第019871号

机械工业出版社（北京市百万庄大街22号 邮政编码100037）
策划编辑：高 伟   责任编辑：高 伟
责任校对：赵 燕 潘 蕊   责任印制：张 博
北京宝隆世纪印刷有限公司印刷

2021年2月第1版·第1次印刷
169mm×230mm·13.5印张·2插页·231千字
标准书号：ISBN 978-7-111-67437-5
定价：88.00元

电话服务   网络服务
客服电话：010-88361066   机 工 官 网：www.cmpbook.com
          010-88379833   机 工 官 博：weibo.com/cmp1952
          010-68326294   金 书 网：www.golden-book.com
封底无防伪标均为盗版   机工教育服务网：www.cmpedu.com